丑小萤旅行记

注音版

付新华 / 著　　冯莺　赖振辉 / 绘

扫码听听
我的故事吧！

U0317127

长江出版传媒 | 湖北教育出版社

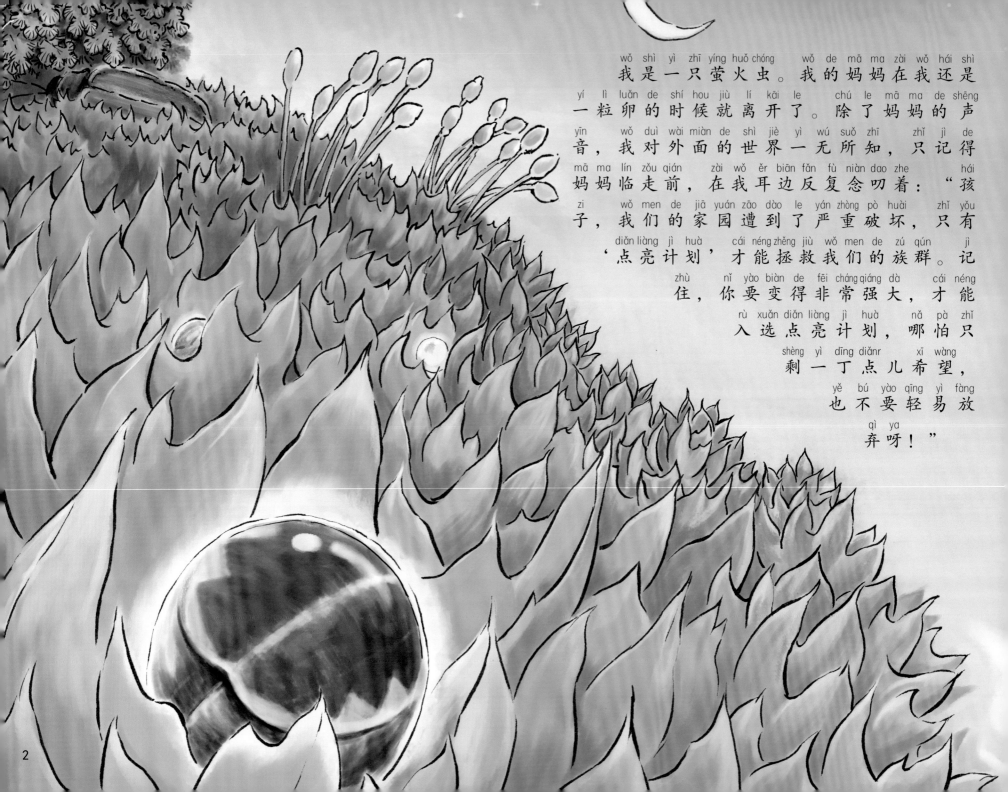

我是一只萤火虫。我的妈妈在我还是一粒卵的时候就离开了。除了妈妈的声音，我对外面的世界一无所知，只记得妈妈临走前，在我耳边反复念叨着："孩子，我们的家园遭到了严重破坏，只有'点亮计划'才能拯救我们的族群。记住，你要变得非常强大，才能入选点亮计划，哪怕只剩一丁点儿希望，也不要轻易放弃呀！"

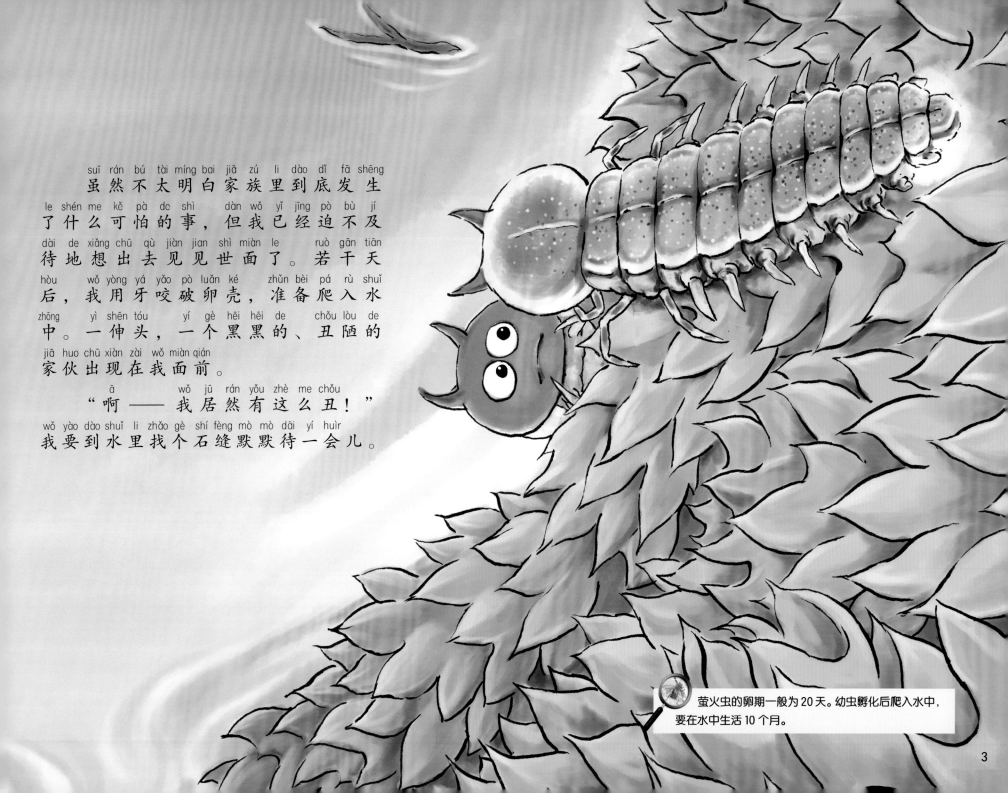

suī rán bú tài míng bai jiā zú li dào dǐ fā shēng
虽然不太明白家族里到底发生
le shén me kě pà de shì dàn wǒ yǐ jīng pò bù jí
了什么可怕的事，但我已经迫不及
dài de xiǎng chū qù jiàn jian shì miàn le ruò gān tiān
待地想出去见见世面了。若干天
hòu wǒ yòng yá yǎo pò luǎn ké zhǔn bèi pá rù shuǐ
后，我用牙咬破卵壳，准备爬入水
zhōng yì shēn tóu yí gè hēi hēi de chǒu lòu de
中。一伸头，一个黑黑的、丑陋的
jiā huo chū xiàn zài wǒ miàn qián
家伙出现在我面前。

ā wǒ jū rán yǒu zhè me chǒu
"啊——我居然有这么丑！"
wǒ yào dào shuǐ li zhǎo gè shí fèng mò mò dāi yí huìr
我要到水里找个石缝默默待一会儿。

萤火虫的卵期一般为 20 天。幼虫孵化后爬入水中，
要在水中生活 10 个月。

"咕噜"，几乎是一瞬间，我被一个什么东西吞了进去，眼前一片漆黑。"嗷呜，呸！"我又被吐了出来，强烈的冲击力把我喷射得老远。"什么玩意儿，又丑又臭的东西，居然在我嘴里放屁。就你还想参加点亮计划？"一条鱼骂骂咧咧地游走了。

"呃，我刚才很紧张，放了一个屁……"

"哎，等等！什么是点亮计划？"还没等我问个仔细，这些"吞屁者"——小鱼就飞快地游走了。

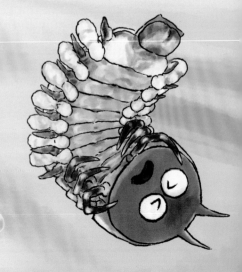

天黑了。我饿了。石头上有许多
吃着青苔的小螺，看上去十分诱人。
"我给你打一针'麻醉药'，不疼，
别怕……"我轻轻咬了一只小螺一
口，他就睡着了，我把他喝了，还睡
在了他的房子里。

幼虫捕食的时候，利用中空的上颚刺入淡水
小螺体内，同时注射毒液，将小螺杀死；随后注
射消化液，将小螺消化并吸食。

5

yì tiān wǎn shang　wǒ de shēn
一天晚上，我的身
tǐ yǒu diǎnr yǎng　shēn shang de pí
体有点儿痒，身上的皮
fū liè kāi le　wǒ zhōng yú tuō xià
肤裂开了。我终于脱下
le zhè jiàn chǒu lòu de　yī fu
了这件丑陋的"衣服"。

xiàn zài de wǒ bái bái de　　zhēn hǎo
现在的我白白的，真好
kàn　　kě shì bù yí huìr　　wǒ zěn me yòu
看。可是不一会儿，我怎么又
biàn huí le lǎo yàng zi　hēi hēi de　chǒu
变回了老样子？黑黑的、丑
chǒu de　　wǒ nán guò jí le
丑的，我难过极了。

幼虫只有一对发光器，在尾部倒数第二节两侧。
幼虫要经历 5 次蜕皮，才能变得成熟。

7

"快跑！当心被他喝掉！"

"谁说的？哎，你别跑哇！不疼……"

我给小螺们起了个外号叫"笨水牛"，他们是我喜欢吃的"牛排"。有一天，我想再捉一只"笨水牛"，他居然浮起来，在水面上仰泳着逃跑了。

"你别跑哇，我打麻醉药又不疼……""生活告诉我们，只要不放弃，就有希望！"一个声音从四散的"牛群"中飘来。我的一顿美餐落空了，肚子饿得咕咕叫，不过，"笨水牛"的话使我想起了妈妈的嘱托。

刚孵化出来的萤火虫幼虫就会发光，但是光非常微弱。随着幼虫慢慢地长大，发光的亮度会逐渐增强。

wǒ yuè zhǎng yuè dà　yī rán hěn hēi hěn chǒu　xǔ duō xiǎo dòng wù dōu
我越长越大，依然很黑很丑，许多小动物都
duǒ zhe wǒ　yóu qí shì zài hēi yè zhōng　dāng wǒ xíng zǒu de shí hou　pì
躲着我。尤其是在黑夜中，当我行走的时候，屁
gu huì fā guāng le　xiǎo yú men yì qiáo jiàn jiù rào zhe wǒ yóu zǒu le
股会发光了，小鱼们一瞧见就绕着我游走了。

lí tā yuǎn diǎnr　nà shì yì
"离他远点儿，那是一
zhī huì fàng pì de chǒu xiǎo yíng
只会放屁的丑小萤。"

"点亮计划？我送你们回家！"

我亲眼看见一个和我的长相非常接近的同伴，被一只威风凛凛的螃蟹用钳子夹着送进嘴里。螃蟹轻蔑地冷笑着说，屁对他一点儿用都没有，看来这个"武器"还不够强大。一个同伴就这样消失了，我吓得赶紧跑了。以后再见到横行霸道的"冷血将军"，我要离他远一点儿。

10

在水下，我认识了亲戚付氏萤。付氏萤喜欢悠闲地仰泳，而我练的是水底爬行功，最后我爬得比他游得还快。他的潜水能力一流，可我不羡慕他，因为我一直在潜水。付氏萤也听说过点亮计划，却不准备参加，他下来看我的时候告诉我，这项计划只有最优秀的萤火虫才能入选，需要付出极大的努力。

11

听了付氏萤的话，我觉得自己离"最优秀的萤火虫"还差得很远，得尽快变得强壮起来。我打算上岸换换口味，补充点儿营养。唉，想到今后还不知会遇上什么困难，突然觉得有点儿困了，上了岸就先睡一觉吧。

āi āi zěn me yí xià zi jù jí le zhè me duō de mǎ
哎哎，怎么一下子聚集了这么多的蚂
yǐ zhè xiē bān yùn gōng zhēn shì bù zhī pí juàn tā men
蚁？这些"搬运工"真是不知疲倦，他们
yào bǎ suǒ yǒu néng chī de dōng xi dōu bān dào jiā li qù hái
要把所有能吃的东西都搬到家里去，还
shuō cān jiā rèn hé xuǎn bá dōu xū yào yōng yǒu dà lì shì bān de
说，参加任何选拔都需要拥有大力士般的
lì qi kě shì bié bǎ wǒ yě tái zǒu chī diào wa wǒ huāng zhāng
力气。可是别把我也抬走吃掉哇！我慌张
de duì zhe tā men fàng le gè pì yòu yòng yuǎn guāng dēng shǐ jìnr
地对着他们放了个屁，又用远光灯使劲
zhào tā men tā men cái pǎo le
儿照他们，他们才跑了。

萤火虫幼虫在陆地上寻找洞穴进行化蛹时
非常敏感，很容易采取防卫行为。它们防卫时，
身体两侧会翻出多条翻缩腺体，释放难闻的气
味，同时发光器发光。

zhōng yú zhǎo dào yí gè hǎo de dòng xué
终于找到一个好的洞穴，
bú dà bù xiǎo zhèng hé shì wǒ dào tuì
不大不小，正合适。我倒退
zhe yí bù bù xiǎo xīn de pá jìn qù
着，一步步小心地爬进去。

chuāng hu tài liàng le wǒ děi gěi tā hú shàng
"窗户"太亮了，我得给它糊上。
wǒ xiǎng zuò yí gè tòu qì yòu zhē yáng de tiān chuāng wǒ cóng dòng
我想做一个透气又遮阳的天窗。我从洞
xué de sì zhōu yǎo xià yì xiē tǔ rán hòu tǔ diǎnr kǒu shuǐ
穴的四周咬下一些土，然后吐点儿口水
hùn hé zuò wéi yì zhī yíng huǒ chóng wǒ duì zì jǐ de jiàn zhù
混合，作为一只萤火虫，我对自己的建筑
běn lǐng gǎn dào jīng yà
本领感到惊讶。

huā le liǎng tiān shí jiān tiān
花了两天时间，天
chuāng zhōng yú zuò hǎo le wǒ kě
窗终于做好了。我可
yǐ shuì yí jiào le mèng li mā
以睡一觉了。梦里，妈
mā gào su wǒ yào jiā yóu diǎn liàng
妈告诉我要加油，点亮
jì huà jiù kuài kāi shǐ le
计划就快开始了。

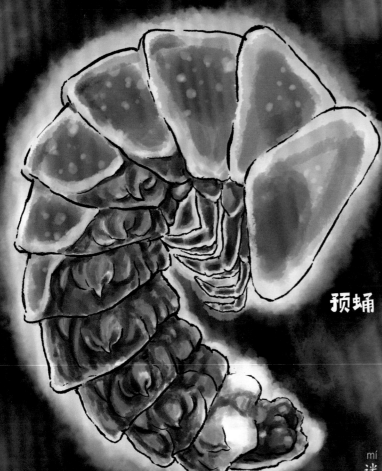

预蛹  蛹第 1 天

mí mí hú hú zhōng　wǒ de yī fu
迷迷糊糊中，我的衣服
pò le　yí　wǒ de shǒu jiǎo dòng bù liǎo
破了。咦？我的手脚动不了
le　wǒ zěn me biàn chéng zhè ge yàng zi
了。我怎么变成这个样子
le　wǒ biàn bái le　hǎo xiàng hái biàn de
了？我变白了，好像还变得
piào liang le yì xiē
漂亮了一些。

蛹第3天

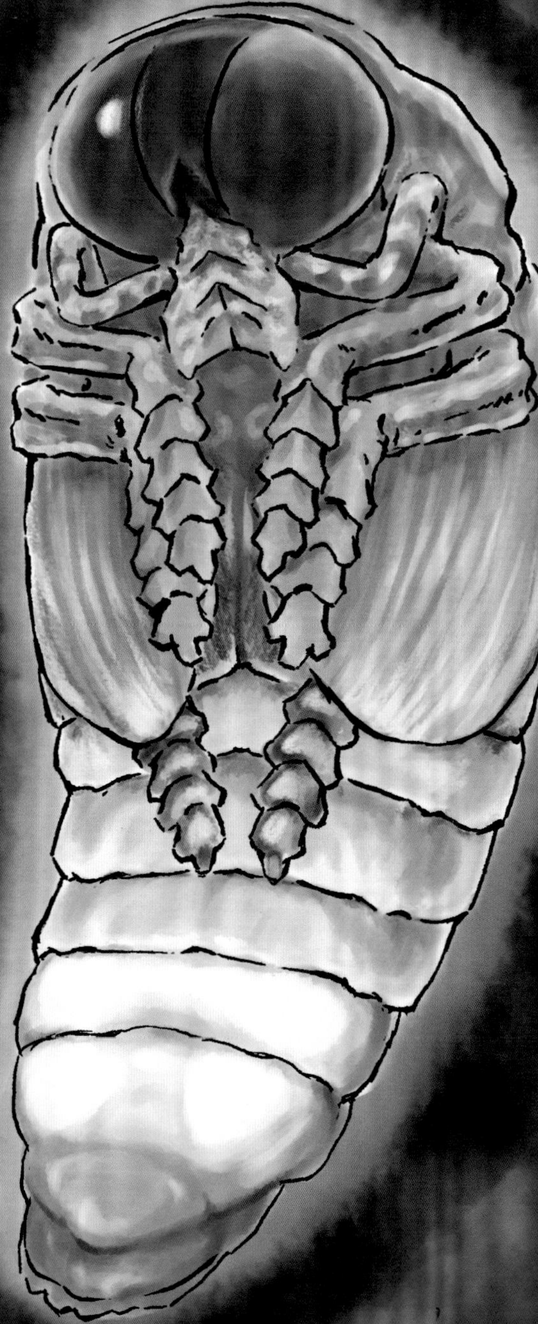

蛹第5天

guò le jǐ tiān wǒ de yī fu biàn huáng
过了几天，我的衣服变黄
le yì xiē tóu yě dà le hǎo duō tóu shang hé
了一些，头也大了好多，头上和
bèi shang hǎo xiàng hái duō le yì xiē dōng xi děng
背上好像还多了一些东西。等
děng wǒ fā de guāng hǎo xiàng liàng duō le nán
等，我发的光好像亮多了！难
dào zhè jiù shì diǎn liàng jì huà ma
道这就是点亮计划吗？

又过了几天，原来的衣服又破了，
我换上了一身更新的衣服。我变得帅
气了，还有了一对翅膀！太棒了！

我尝试着扇动了一下，身体突然
腾空一大截，我兴奋地继续练习，忽高
忽低、忽左忽右，一闪一闪地飞舞着，
越来越自如。我可以在夜空里自由地翱
翔了，星星好像都是我的亲人！

fēi xíng de yè wǎn wǒ zǒng gǎn jué tóu dǐng shàng fāng yǒu yí duì hěn liàng de
飞行的夜晚，我总感觉头顶上方有一对很亮的
yǎn jing zài dīng zhe wǒ yuán lái shì yì zhī māo tóu yīng tā de shì lì fēi cháng
眼睛在盯着我，原来是一只猫头鹰。他的视力非常
chū sè shēn shǒu yě hěn mǐn jié tā shuō fēi xíng zhě bì xū yào yǒu gè hǎo shēn
出色，身手也很敏捷。他说飞行者必须要有个好身
tǐ yóu qí shì wèi kǒu yào hǎo
体，尤其是胃口要好。

tā xiǎng jiāo wǒ zhuā lǎo shǔ kě wǒ gèng
他想教我抓老鼠，可我更
xiǎng chī tián shí wǒ zhǎo dào le yì zhǒng xiāng
想吃甜食。我找到了一种香
xiāng de huā xī shí kě kǒu de huā mì fēi
香的花，吸食可口的花蜜，飞
lèi le jiù shuì zài lǐ miàn
累了就睡在里面。

猫头鹰的头部能旋转大约 270°，所以它们无须转动身体就可以
轻松地看到身后。猫头鹰是夜行动物，在弱光下的视力非常好。它们
是远视眼，无法清楚地看到眼睛周围几厘米内的东西。

9

蜜蜂是社会性高度发达的昆虫，个体间的信息交流方式十分先进，主要有舞蹈、语言和外激素等。工蜂的后足特化成携粉足：胫节宽扁、表面光滑，侧缘有长毛，构成携带花粉的"花粉篮"；第一跗节长而扁大，内面有横列的硬毛，用于梳刷黏附在体毛上的花粉，称为"花粉刷"。这种结构使得工蜂能够有效地收集和携带花粉，对植物的传粉过程起到重要作用。

嗡嗡嗡，早起的蜜蜂总是把我吵醒，他们钻进花朵里，将大把花粉塞进腿上的袋子中。这些不怕脏的"勤劳者"反复吞吐，用口水混合酿蜜，喂养自己和同伴，同时也被黑熊和人类所称赞。他们说，要想不迷失方向，就要具备辨认太阳方位的能力，便匆匆地飞走了。可我白天需要休息，这样晚上才有精力飞行，我学会了辨认月亮和星星的方位。

旅行途中，我结交了拥有绚丽衣裳的蝴蝶。她热情地邀我跳舞，我却怕阳光。她说，要想飞得优雅，需要柔韧、轻盈的身体。我觉得她说得很有道理，我晚上点着灯去看她，想再请教一些飞行技巧，她却睡着了。

蝴蝶一般在日间活动。它们翅膀的色彩比蛾类要艳丽得多，成虫通常靠鲜艳的翅斑和飞行来求偶。蝴蝶幼虫多为植食性，成虫用卷曲的喙来吸食花蜜。

wǒ fēi lèi le xiū xi de shí hou
我 飞 累 了 休 息 的 时 候,
jīng cháng pèng jiàn bèng da zhe tiào lái tiào qù de
经 常 碰 见 蹦 跶 着 跳 来 跳 去 的
dà mén yá mà zha tā shuō cháng tú lǚ
"大 门 牙" 蚂 蚱。他 说 长 途 旅
xíng xū yào chāo qiáng de tán tiào lì yào jiāo
行 需 要 超 强 的 弹 跳 力,要 教
wǒ tiào yuǎn wǒ shān zhe chì bǎng tiào le tiào
我 跳 远。我 扇 着 翅 膀 跳 了 跳。
dà mén yá mō zhe cū zhuàng de dà tuǐ
"大 门 牙" 摸 着 粗 壮 的 大 腿
shuō bú suàn shù bù néng yòng chì bǎng
说, 不 算 数, 不 能 用 翅 膀。

蚂蚱,一般指蝗科昆虫。它们后足的腿节非常发达,含有弹性蛋白,善于跳跃;被捕食时,强有力的腿节和长有排刺的胫节相配合,能反击捕食者。大型棉蝗甚至有"蹬倒山"的绰号。蚂蚱为植食性,能迅速啃光农作物,危害较大。飞蝗可进行长距离迁飞,铺天盖地,对农作物造成毁灭性的破坏。

最近有点儿不开心，人类的庄稼和蔬菜被破坏了，说是萤火虫干的。虽然夜晚我常在那里逛，但我不啃叶子。叶子不利于肠胃消化。我以前喜欢吃肉，现在喜欢吃甜食。

那些躲藏在庄稼、蔬菜背后的家伙是令人讨厌的叶甲，他们装得再像也不会发光！他们却满不在乎地说，要想生存下来，有时候就是要模拟其他动物。

叶甲体色多样，有的黄色，有的黑色，有的呈金属色泽。成虫和幼虫均为植食性，取食植物的根、茎、叶、花等。有些叶甲是重要害虫。

^{bái tiān lù guò shuǐ biān} ^{wǒ}
白天路过水边，我
^{huì qù zhào zhao jìng zi} ^{dà jiā bú}
会去照照镜子，大家不
^{zài duǒ zhe wǒ le} ^{shèn zhì hái yǒu}
再躲着我了，甚至还有
^{shuǐ mǐn yāo qǐng wǒ zuò shuǐ shàng yùn dòng} ^{tā}
水黾邀请我做水上运动。他
^{men kě yǐ zài shuǐ miàn shang zhàn lì} ^{huá xíng shèn zhì tiào yuè} ^{cóng lái bù}
们可以在水面上站立、滑行甚至跳跃，从来不
^{chén xià qù} ^{wǒ gěi tā men qǐ le gè wài hào jiào} ^{shuǐ shàng piāo} ^{tā}
沉下去。我给他们起了个外号叫"水上漂"。他
^{men shuō} ^{xué huì zài shuǐ shàng piāo fú néng ràng wǒ de}
们说，学会在水上漂浮能让我的
^{lǚ chéng gèng qīng sōng} ^{dàn wǒ bù xiǎng chéng wéi tā men}
旅程更轻松，但我不想成为他们
^{de pán zhōng cān}
的盘中餐。

水黾栖息于湖泊、池塘等静水水面以及溪流等流动的水面。腿上长有拒水毛，具有超疏水的结构，可以"站立"在水面上。通过腿上非常敏感的器官，它们能感受到落水昆虫的挣扎，然后迅速移动捕食，速度可超过1米／秒。

24

fēi le zhè me jiǔ   wǒ lí kāi jiā yǐ jīng hěn yuǎn le   wǒ yǒu diǎnr gū dú dì
飞了这么久，我离开家已经很远了。我有点儿孤独，地

miàn shang yǒu shén me dōng xi shǎn shuò zhe guāng liàng   wǒ mǎn huái qī dài de fēi xià qù kàn   què
面上有什么东西闪烁着光亮，我满怀期待地飞下去看，却

shì yì dī dī lù zhū   wǒ de tóng bàn zài nǎ lǐ
是一滴滴露珠。"我的同伴在哪里？"

wǒ shī wàng de zì yán zì yǔ   cǎo cóng li
我失望地自言自语。草丛里

de   duō jiǎo guài   wú gōng zuān le
的"多脚怪"蜈蚣钻了

chū lái   xiǎng gěi wǒ yí gè dà dà
出来，想给我一个大大

de yōng bào   wǒ wǎn jù le tā
的拥抱，我婉拒了他。

蜈蚣身体扁长，每一节都有一对足，第一对足
特化成中空的毒牙。它们擅长钻缝隙，依靠发达的
触觉，捕食昆虫、蚯蚓等小型生物。蜈蚣具有典型
的"护卵"行为，雌性蜈蚣产完卵后，用步足把卵
粒聚成团，抱在怀中孵化。

有天夜里，天上出现一群蝙蝠，我很
奇怪他们准确无误地吃到了许多蛾子，没
准儿这些"盲眼小丑"说服了蛾子。他们
得意地说，与会飞的昆虫打交道，需要语
言的魅力。

蝙蝠发出人耳听不见的超声波，对空中的
猎物进行回声定位，从而精准地捕食。

wǒ de fèi huó liàng biàn dà le yè wǎn de shí
我的肺活量变大了，夜晚的时
hou yuǎn guāng dēng kě yǐ zhào de gèng yuǎn le
候，"远光灯"可以照得更远了。
yǒu yì tiān wǒ zhōng yú zài shù zhī shang fā xiàn le wǒ
有一天，我终于在树枝上发现了我
de tóng bàn dāng wǒ kào jìn tā tā què ràng wǒ zǒu
的同伴，当我靠近他，他却让我走
kāi yuán lái wài hào cái feng de zhī zhū gěi
开。原来，外号"裁缝"的蜘蛛给
tā chuān shàng le yín sè de wǎng shān shǐ tā dòng tan
他穿上了银色的网衫，使他动弹
bu de wǒ wèi bù néng jiù tā ér gǎn dào nèi jiù
不得。我为不能救他而感到内疚，
yǎn yǎn yì xī de tā yòng zuì hòu yì sī lì qi chòng wǒ
奄奄一息的他用最后一丝力气冲我
dà hǎn bié guǎn wǒ kuài zǒu jiā rù diǎn liàng jì
大喊，别管我，快走！加入点亮计
huà jiù dà jiā
划，救大家！

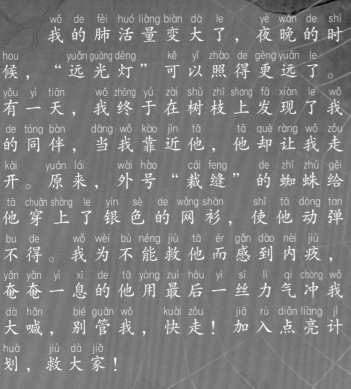

蜘蛛有八条腿，多为捕食者。结网的蜘蛛虽然视力不好，却可以依靠蛛网和敏锐的触觉进行捕食。科学家发现，许多种结网蜘蛛都有操纵、诱捕雄性萤火虫的行为，例如大腹园蛛面对触网的雄性边褐端黑萤，会用蛛丝缠绕并对其注射微量的毒素，随后便躲藏在网的边缘。雄性边褐端黑萤原本利用两节发光器飞行，发出多脉冲的雄性求偶闪光信号，但被蜘蛛操纵后，仅利用一节发光器闪光，模拟出单脉冲的雌性求偶闪光信号，从而吸引了更多在空中求偶的雄萤前来，结果纷纷触网，沦为大腹园蛛的猎物。科学家认为，这是一种普遍存在的蜘蛛诱捕行为策略。

我赶紧飞走了，到处飞着去寻找点亮计划。可是点亮计划到底在哪里？我找得好辛苦。我好累。我是不是再也参加不了点亮计划了？我趴在一片小草叶子上，任雨水拍打着身体，光芒越来越微弱。

萤火虫成虫的寿命一般是7~10天。

“从哪里来，就到哪里去。”猫头鹰睁着眼睛对我说。“我从哪里来？我要去哪里？”我陷入沉思。

我打起精神，换了个方向飞呀，飞呀，飞到一处水边，我认出了那里，那是我出生的地方！我发现了许多闪亮的光点。我有好多同伴啦！他们告诉我，参加点亮计划需要更亮的闪光，于是，我每天晚上都努力地发着光，越来越亮。

wǒ xǐ huan shàng le yí wèi kě ài de nǚ shì   tā yě xǐ
我喜欢上了一位可爱的女士，她也喜

huan wǒ   wǒ men yǒu zhe xiāng tóng de xīn yuàn   wèi yíng huǒ chóng
欢我。我们有着相同的心愿：为萤火虫

jiā zú de wèi lái ér nǔ lì   tiān shàng hé cǎo cóng zhōng shǎn shuò zhe
家族的未来而努力！天上和草丛中闪烁着

dòng rén de guāng
动人的光。

日落后，雄萤飞上天空，发出自己特有的展示性飞行求偶信号，吸引雌萤的注意。雌萤在草丛或草尖发出缓慢的求偶闪光信号，吸引雄萤。雄萤发现雌萤后，会降落在其旁边进行求偶。通常会有多只雄萤竞争1只雌萤。

一天晚上，当我们奋力地点亮四周时，草丛里传来窸窸窣窣的脚步声。随着越来越近的声响，一张脸清晰地出现在我眼前：是一个戴红色头灯的人类！他像在寻找什么，突然盯上了我们俩，没等我反应过来，就用网子将我们轻轻套住了。回来的这段日子，我已经听说了家族的故事，都是因为人类活动，我们萤火虫才落得这样艰难的处境！我们是家族仅剩的希望了！我在网子里四处乱撞，想挣脱出去，可无论飞多高，始终无法回到空中。我渐渐感到绝望，放弃了挣扎，随着人类一摆一摆的网子，远离了家乡。

没多久，我们被丢进了一个笼子。我吃惊地发现，竟然还有许多对和我们一样的萤火虫被关在不同的隔层，每一层都铺着苔藓。

正在奇怪中，我突然听见穿白大褂的人说起"点亮计划"四个字！我屏住呼吸，听他们交谈，原来这里是他们的实验室。他们选中了一批最优秀的萤火虫进行繁殖，然后释放到没有污染的萤火虫保护区里，这样我们的家族就可以自由自在、不受威胁地生活了。我激动极了，我入选了点亮计划！

科研人员通常会放入多对雌雄萤进行繁殖，数量在 10 对以上，有时甚至达到上百对。

几天后，笼子里的苔
藓中有了我们许多许多
的卵宝宝。

雌萤产卵后，1~2天就会死亡。

36

wǒ men bèi shì fàng zài le yí chù qīng chè de xiǎo xī
我们被释放在了一处清澈的小溪
biān zhèr bǐ wǒ men cóng qián de jiā gèng měi lì wú shù
边，这儿比我们从前的家更美丽，无数
jiā zú chéng yuán de liàng guāng cǐ qǐ bǐ fú de shǎn shuò zhe
家族成员的亮光此起彼伏地闪烁着，
zhào liàng le yì fāng yè kōng
照亮了一方夜空……

丑小萤的朋友圈

主人公：**丑小萤**

家族：**鞘翅目熠萤亚科**
水萤属

武器属性：**放屁、发光**

飞行技能：**大概能飞3米**
高、500米远

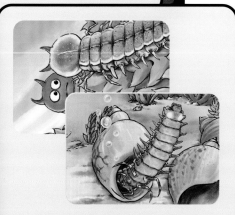

幼虫形态特征：**黑、丑、怪**

生活特点：**水生、爬行**

幼虫食物：**淡水小螺**

丑小萤

我要变得非常强大，去加入点亮计划啦！

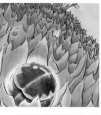  

河边杂草地

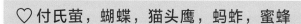

♡ **付氏萤，蝴蝶，猫头鹰，蚂蚱，蜜蜂**

付氏萤：我也会发光哟！

蝴蝶：我可以教你跳舞。

猫头鹰：从哪里来，就到哪里去。

蝙蝠：快长大吧！我好美餐一顿！

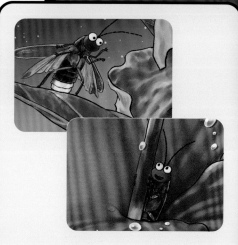

成虫形态特征：**甲虫特征、可以飞**
行，闪光而美丽，
失去放屁能力

突出特点：**四个生长阶段都发光，**
以成虫发光最美

成虫食物：**水、花蜜、果汁等**
液体

栖息地：**稻田、缓慢**
流动的小溪

✖ 潜在的幼虫捕食者

蚂蚁

膜翅目昆虫，外号"搬运工"，什么吃的都往家里搬。有时候也试图把我搬回他们家，幸亏被我的屁和发光吓跑了。

小鱼（水生）

脊椎动物，鲫属鱼类。外号"吞屁者"，将我吞进嘴里后，通常被我的臭屁熏得呕吐而把我吐出。

✖ 幼虫捕食者

螃蟹（水生）

甲壳纲节肢动物，外号"冷血将军"，不为屁所动。

◤ 食物

小螺（水生）

腹足纲动物，萝卜螺，外号"笨水牛"。吃青苔。

♥ 朋友

蚂蚱

一般指蝗科昆虫。外号"蹦跶"。

蝴蝶

鳞翅目昆虫，可以在阳光的沐浴下翩翩起舞。我却只能黑夜潜行，我俩常常错过。

蜜蜂

膜翅目昆虫，外号"勤劳者"，酿蜜给自己和别人分享。著名的传粉昆虫，可以提高农作物的产量及果实的结实率，是重要的益虫。

猫头鹰

鸮（xiāo）形目鸟类，眼睛大大的、亮晶晶的，但不如我的光亮。

✖ 成虫捕食者

蝙蝠

哺乳纲动物，"小丑"，像会飞的老鼠。

水黾（水生）

半翅目黾蝽科昆虫，外号"水上漂"，在水上跑得飞快。

蜈蚣

唇足纲节肢动物，外号"多脚怪"，怕怕呀！

蜘蛛

蛛形纲节肢动物，阴险的"蛛夫人"，死在她手里的我的同类不知有多少。

💔 讨厌的家伙

叶甲

鞘翅目昆虫。它们在农民的田里吃庄稼，碰巧我们晚上在田里飞来飞去，农民还以为是我们干的呢，害得我们背锅。我们不吃素，我们是吃荤的！

🤝 同类

付氏萤（水生）

鞘翅目熠萤亚科仰泳萤属昆虫，游泳"笨将"，游泳速度极慢，但潜水本领很高，喜欢仰泳。

丑小莹旅行地图

折返处

新家园

40

📍 飞行路过的水边

📍 人类的菜地

📍 蝴蝶的家

📍 蚂蚁的家

📍 上岸处

📍 出生地

📍 蜜蜂的家

萤火虫小百科

萤火虫生活在哪里？

萤火虫生活在潮湿、温暖的区域，如森林、湖泊、小溪、瀑布、稻田等地方。通常我国南方的萤火虫种类及数量要比北方多。

萤火虫现在为什么很少了？

萤火虫对环境的变化很敏感，是公认的环境指示生物。萤火虫非常怕各种污染，如光污染可以驱赶萤火虫，甚至让萤火虫无法进行闪光求偶，严重的光污染能使萤火虫种群灭绝。各种农药也会直接迅速杀死萤火虫。栖息地的改变，如河流及湖泊驳岸水泥化、栖息地的碎片化，也让萤火虫种群数量迅速下降。不良商人对萤火虫的抓捕及买卖，更是让萤火虫的生存雪上加霜。

什么时候能看到萤火虫？

萤火虫的幼虫通常躲藏在草丛中，发光比较微弱，很难被发现。成虫则喜欢发出明亮的闪光，进行求偶。在我国，3月份就可以看到萤火虫，如四川及浙江等地的三叶虫萤在4月中旬进入高峰期，闪闪发光，非常壮观。10月到11月，在四川、湖北及浙江等地还能见到大型的窗萤在空中飞行发光。而在海南等热带区域，常年都能看到萤火虫。

什么是"萤火虫点亮计划"？

"萤火虫点亮计划"是付新华教授带领守望萤火虫研究中心开展的萤火虫保护工作，通过与生态较好的村镇进行合作，生态修复萤火虫的栖息地，人工繁育本地的萤火虫种类，扩大萤火虫种群后，再将其释放至保护地，最终使本地的萤火虫种群得到恢复及保护。付新华教授希望萤火虫栖息地一个一个地被修复，最终覆盖全国，"点亮"萤火虫，"点亮"我们的生态环境。

新浪微博 @ 寻萤者付新华
@ 守望萤火

付新华，教授，我国第一个从事萤火虫研究的博士。2000 年至今，从事萤火虫的生物多样性、行为及生态保护研究。任职于华中农业大学植物科学技术学院、昆虫资源利用与害虫可持续治理湖北省重点实验室。（湖北省）守望萤火虫研究中心理事长及主任。主持过 7 项国家自然科学基金项目，发表论文 40 多篇，出版专著 1 部。破译了萤火虫发光器发育及发光的关键分子机制，发现并证实了结网蜘蛛操纵萤火虫进行诱捕的行为策略。发现并定名了雷氏萤、付氏萤、武汉萤、穹宇萤、三叶虫萤、咸宁萤、青神萤等多种萤火虫，拥有权威的萤火虫保护及自然复育的经验技术。摄影发烧友，科普作家。著有《看，萤火虫在说什么》《一只萤火虫的旅行》《萤火虫环游记》《故乡的微光》《萤火虫在中国》《水中的光亮》《又见萤火虫》《哇，萤火虫》《触手可及的星星——萤火虫观察指南》《萤火虫的故事》等 10 多部科普书籍。

给小读者的话

"雨打灯难灭，风吹色更明。"小朋友们，希望你们能像萤火虫一样不畏艰难、努力发光，勇敢追求自己的梦想，在生活中永远保持一颗好奇的心和勇于探索的精神。

付新华

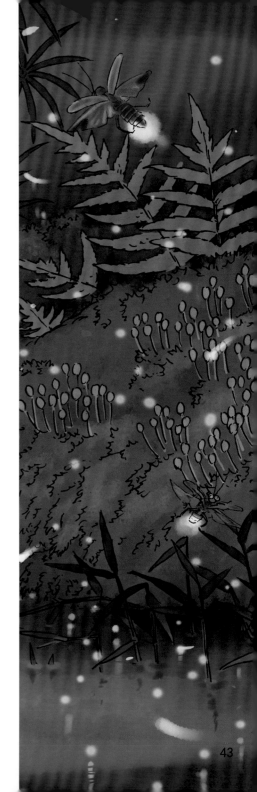

图书在版编目（CIP）数据

丑小萤旅行记 / 付新华著 ；冯莺，赖振辉绘 .

武汉 ：湖北教育出版社，2024. 9. -- （"科学点灯人"
书系）. -- ISBN 978-7-5564-6347-3

Ⅰ. Q969.48-49

中国国家版本馆 CIP 数据核字第 20242C3S00 号

CHOU XIAO YING LUXING JI

丑小萤旅行记

出 品 人	方 平	设计排版	黄尹佳
总 策 划	刘 辉	责任校对	李庆华
策 划	杨文婷	责任督印	刘牧原
责任编辑	杨文婷		

出版发行 长江出版传媒 　430070　武汉市雄楚大道 268 号

　　　　　湖北教育出版社　430070　武汉市雄楚大道 268 号

经 　销　新华书店

网 　址　http://www.hbedup.com

印　刷	武汉精一佳印刷有限公司	版　次	2024 年 9 月第 1 版
地　址	武汉市黄陂区滠口新十公路45号丰达产业园3栋	印　次	2024 年 9 月第 1 次印刷
开　本	880mm × 1230mm 1/16	书　号	ISBN 978-7-5564 6347 3
印　张	3	定　价	35.00 元
字　数	45 千字